JN109611

カリスマ数学者が伝授！

死ぬまで
役に立つ

数学

教えます

元早稲田大学高等学院数学科教諭／
元早稲田大学複雑系
高等学術研究所研究員

柳谷 晃

イースト・プレス

あなたの人生を救う数式

数学者として、教員として、毎日、忙しい忙しいと思いながら過ごして、あっという間に定年退職の歳を過ぎてしまいました。50年間、研究と授業に追いかけられると言うよりは、追いかけてきたと言ったほうが正しいかもしれません。これからは、授業は少なくなりますが、研究に割く時間が増えて喜んでいます。走っているときは見えなかったものに、止まってみると気がつくことがあります。

数学の本質は四則演算である。それが、長年数学と付き合って、思い知ったことです。

偉い数学者が論文を書いています。何か難しい式を変形しています。難しいと思ってもその式を分解すれば足す、引く、掛ける、割るでできています。もちろん、現象を表す文字も入っていますが、それをつなげているのは足す、引く、掛ける、割るだけです。四則演算で表現しているのです。

私は断言します。数学でもっとも大事なのは、足す、引く、掛ける、そして、割る。つまり、四則演算なのです。

現象を解析する数学が四則演算だけだというわけではありませんし、難解な数学が色々なことに役に立つという認識は大切です。それでも、どんなに優れた数学者が、どんなに難しい研究をしても、最後の結論を得る手段は足す、引く、掛ける、割るの4つなのです。

その四則演算だけを使って、老後に困らないためにさまざまなことを計算できるようにまとめたのがこの本です。お金のことは税理士さんや社労士さんに任せれば大丈夫と思われる方もいるでしょう。しかし、専門家に相談する前に、自分で計算してみようという態度が、理解を深めます。自分に必要なことは何か、それを自分でも計算することが

できる、とわかることが大切です。それができれば気持ちが少しは変わります。そんな時間はないよ、仕事が忙しいという方もいるでしょうが、そのお仕事と同じぐらい大切な計算をこの本では集めています。

みなさんが学校に通われていた頃、勉強することで知識が増え、できることが色々広がっても、幸せになったという実感は得られなかったかもしれません。しかし、勉強には人を幸せにする力があります。学んだ本人だけでなく、周りの人に幸せを届けることもできるのです。この本が目指すところも、みなさんの幸せです。

幸せだなんて大袈裟だなと思われる方のために、言葉を言い換えると、心配なく暮らせるようになれると思います。面倒がらずに計算してみれば、達成感が出てきて、なんとなく気分が良くなります。一人ひとりに合った老後の計画を立てられて、心配がなくなれば最高です。

もし、心配が残っても、心配を取り除くにはどうすれば良いかわかります。100％心配がなくならなくても、50％にすれば肩が軽くなった気がするはずです。その手段を数学が教えてくれます。数学も少しは役に立つどころではなく、命を助けてくれるかもしれません。計算してみれば、その力を感じられるはずです。

簡単な計算が本質を見せてくれます。

目 次

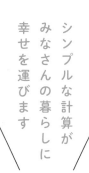

シンプルな計算が
みなさんの暮らしに
幸せを運びます

第一部

四則演算で
老後の不安を
解消

決して短くはない老後を控え、
この先大丈夫だろうかと不安に思うのは当たり前のこと。
そこで、これから紹介するのは老後のために役立つ計算法の数々。
足す、引く、掛ける、割るという
四則演算だけを使ったシンプルなものばかりです。
自分の力で解くうちに、あなたの不安を解消する手助けとなり、
老後を支える心強い財産にもなることでしょう。

シンプルな数式が あなたを救う

100歳まで生きることも決して珍しくはなくなった現代。60歳や65歳で退職したとして、その先には長い老後が待ち構えています。どうすれば、その期間を安心して過ごせるのか、置かれた状況や経済状態は一人ひとりや世帯ごとに異なりますから、それぞれのケースに対応したベストな方法を考えるのは、専門家であるファイナンシャルプランナーや社労士の仕事です。ただ、専門家にお願いする前に、やっておくと役立つ計算があります。それが、あなたを救う数式です。

お金をやりくりするにあたって、どのような順番で考えていかなければならないかが見えてきます。数式自体はとてもシンプルなものですが、その理由は個人や世帯ごとの多様な状況に対応したものだからです。

先生の一言

シンプルなものはいろいろな例に使えます

あなたを救う数式の基本は、月の支出と収入のバランスです。

月の支出＜月の収入

であればあなたは救われます。当たり前のことと思われるかもしれませんが、これがもっとも重要なことです。私が人生でもっとも大事な数学は四則演算であると書いた理由もわかっていただけるかと思います。この不等式通り、あるいは左辺と右辺が同じなら、そのまま暮

らせます。しかし、この不等式が逆になると、どこからかお金を持ってこないといけません。

月の支出＞月の収入

この場合、誰でもわかるようにお金が足りなくなります。ただ、定年退職後はこのパターンも珍しくありません。そこで、数式に少し手を加えましょう。

貯金÷（月の支出－月の収入）

これが、老後を控えたみなさんにとって、もっとも大切な数式です。こんなシンプルな計算でいいの？　と思われるかもしれませんが、ここにすべてが詰まっているのです。

単純に考えると、収支がプラスのときは貯えが増えますが、マイナスになれば貯蓄を切り崩していく必要があります。定年退職などで仕事を辞めれば入ってくるお金は減るのに対して、衣食住などでかかるお金はそう多くは減らないでしょう。長年コツコツと蓄えてきたお金や退職金などの貯金がいつまで持つか、できるだけ早い段階で計算しておくことで老後の計画も立てやすくなります。

ここからは先ほどの公式を応用した例題を出しますが、これらを参考にご自分のケースを当てはめて、おおまかに算出しておきましょう。

先生の一訓

大まかな計算でいいのです。
正確な数字については専門家と話しましょう

① Aさんは1000万円の貯金を持っています。
　毎月5万円必要です。
　何年でAさんの蓄えはなくなるでしょう。

1年は12ヶ月ですから、1年に5×12＝60万円使うことになります。
1000万円持っているので、

$$1000 \div 60 = 16.6\cdots\cdots$$

16年と0.6年で貯金がなくなります。0.6年は6ヶ月ではありません。
0.6年は12×0.6ですから約7ヶ月となります。つまり、16年と7ヶ月は
食べていけるでしょう。

ここでは「あと何年」という年単位で答えを弾き出すことを重視し
ています。より正確な月単位で求めたい場合は貯金の1000万円を毎
月必要な5万円で割ればいいでしょう。その答えを12で割れば、何
年何ヶ月まで導き出されます。

② Aさんは500万円の貯金を持っています。
　毎月4万円必要です。
　何年でAさんの蓄えはなくなるでしょう。

1年は12ヶ月です。Aさんは1年に

$$12 \times 4 = 48$$

48万円必要です。では、何年生活できるでしょう。

$$500 \div 48 = 10.4$$

0.4が残っていますから、何ヶ月になるか直しましょう。

$$12 \times 0.4 = 4.8$$

5ヶ月近く残ります。
ということで、問題の答えは
10年と約5ヶ月、Aさんの蓄えは持ちます。

少し慣れたところで、年金と組み合わせた計算をしてみましょう。少しずつ条件を変えて考えることが勉強です。慌てないで進めてください。

③ Aさんは年金が年6回それぞれ20万円入ります。
　月に生活費5万円と家賃10万円が必要です。
　貯金は1000万円です。何年間生活できますか。

基本は前の問題と同じ計算になります。虫食い部分を埋めながら考えてみましょう。

年に6回、20万円ずつ入るということは、1ヶ月あたり ⑴ 万円の収入があることになります。1ヶ月に必要なお金は生活費5万円と家賃の10万円で、合計は ⑵ 万円です。

1ヶ月あたりの年金は ⑴ 万円ですから ⑶ 万円足りません。
貯金を切り崩して、この足りない分の毎月 ⑶ 万円に充当します。

毎月 ⑶ 万円ですから1年で

$$12 \times \boxed{⑶} = \boxed{⑷} 万円$$

年に ⑷ 万円足りません。
そうなると、1000万円の貯金がいつまで続くかというと

$$1000 \div \boxed{⑷} = \boxed{⑸}$$

この計算は最初の問題と同じですから、16年と7ヶ月くらい持ちます。

④ Ａさんは2ヶ月ごとに年金を18万円もらえます。
　毎月にかかるお金は生活費5万円と家賃9万円。
　貯金は500万円あります。
　Ａさんは何年間生活できるでしょうか。

毎月かかるお金は

$$5 + \boxed{}^{(1)} = \boxed{}^{(2)} \text{万円}$$

年金が2ヶ月ごとに18万円ですから、1ヶ月では

$$18 \div \boxed{}^{(3)} = \boxed{}^{(4)} \text{万円}$$

になります。

毎月足りないお金は

$$\boxed{}^{(2)} - \boxed{}^{(4)} = \boxed{}^{(5)} \text{万円 です。}$$

1年間で足りないお金は

$$12 \times \boxed{}^{(5)} = \boxed{}^{(6)} \text{万円 です。}$$

このお金を貯金から切り崩しますから、

$$500 \div \boxed{}^{(6)} = \boxed{}^{(7)}$$

月の部分の計算は

$$12 \times 0.\boxed{}^{(8)} = \boxed{}^{(9)}$$

$\boxed{}^{(10)}$ 年と $\boxed{}^{(11)}$ ヶ月ほどは貯蓄で生活していけるでしょう。

先生の一言

現在の年齢からあと何年生きられるかを
調べるには、平均余命という表があります。
ただしそれは平均値で、
みなさん一人ひとりに合うか
どうかわかりません。
でも、ある程度予測はできます。
調べてみましょう。

結局、年金はいくらもらえる?

老後の貴重な収入源となるのが年金です。いくらもらえるのかは気になることですが、実際に調べる人は少ないようです。老後は心配だけれども、今は毎日の生活に精一杯なのかもしれません。

日本人は20歳から60歳まで必ず国民年金に加入しなければなりません。そして、保険料を納付します。これを怠らなければ、原則として65歳から老齢基礎年金が支給されます。令和5年度時点では、満額だと1ヶ月あたり6万6250円もらえます。年間では79万5000円です(昭和31年4月2日以後生まれの場合)。

会社勤めの方の場合は、厚生年金に加入し、国民年金に上乗せした保険料を納付します。厚生年金にはもらっていた給与をある程度保障するという発想がありますから、老齢厚生年金の受給額もそれだけ高くなります。

国民年金は厚生年金と比べるともらえる金額が少なめなこともあり、厚生年金に入っていない人のうち、保険料を払っている人は8割ほどにとどまるようです。

老後に支給される額だけでは生活ができないからと、保険料を納めたくない気持ちが起こるのは仕方のないことかもしれません。しかし、会社勤めの方のような退職金がない場合が多いことを考えると、収入の柱となる国民年金はとても大切です。

しかも、国民年金は原資の半分を国が受け持っていますから、制度自体はとても得な仕組みなのです。

では、現行の制度で国民年金をいくらもらえるのか計算してみましょ

う。どんな計算が必要かを知り、実際に計算しておけば、今後、制度に変更があった際にどこが変わったのかもわかりやすくなります。先ほども触れましたが、支給される国民年金は満額で年間79万5000円になります。これは、20歳から60歳までの40年間、480ヶ月満期で払った場合です。保険料を払っていない期間が少しでもあると、この額は減ってしまいます。

気をつけねばならないのは、最低でも10年保険料を納めないと、国民年金はもらえないということです。1ヶ月でも足りないともらえませんから注意しましょう。経済的な事情などで払えない場合は全額や一部の納付を免除される制度があり、その場合は納付期間の最低ラインやこれから紹介する基礎年金額の計算式も少し変わります。

免除を受けていない場合、もらえる額を計算する式は

$$79万5000円 \times \frac{保険料納付済期間（月数）}{480}$$

という形になります。

先生の一言

比例式を使う計算が多いでしょう。
掛け算と足し算ですよ。
国民年金は基本的にこの式で計算できます。

では、実際にこの式を使ってみましょう。まずは例題です。この計算は細かいところまで厳密にする必要はありません。千の位まで求めれば十分でしょう。ここでの答えも百の位以下は切り捨てています。

39年払い込んだ人はいくらもらえるでしょうか。

$$79.5万 \times \frac{39 \times 12}{480} = 約77万5000円$$

この計算をまねしてみなさんも自分で計算してみましょう。

① 38年払い込んだ人はいくらもらえるでしょうか。

$$79.5万円 \times \frac{\boxed{}^{(1)} \times 12}{480} = 約 \boxed{}^{(2)} 円$$

② 35年払い込んだ人はいくらもらえるでしょうか。

$$79.5万円 \times \frac{\boxed{}^{(1)} \times 12}{480} = 約 \boxed{}^{(2)} 円$$

さらに色々な問題を解いてみましょう。

③ 30年払い込んだ人はいくらもらえるでしょうか。

$$79.5万円 \times \frac{\boxed{}^{(1)} \times 12}{480} = 約 \boxed{}^{(2)} 円$$

④ 25年払い込んだ人はいくらもらえるでしょうか。

$$79.5万円 \times \frac{\boxed{}^{(1)} \times 12}{480} = 約 \boxed{}^{(2)} 円$$

少し慣れてきましたか。ここからは解答欄として大きい 　　　 を用
意しましたから、自分で式から書き入れて計算してみてください。

⑤ 20年払い込んだ人はいくらもらえるでしょうか。

答

⑥ 16年払い込んだ人はいくらもらえるでしょうか。

答

計算してみて「こんなことならちゃんと払っておけばよかった……」と思った方もいるかもしれません。支払い期間が480ヶ月に満たない場合などは、60歳以降も任意加入できる制度があります。受給資格期間を満たしていない方も、一度この制度について調べたり、相談してみたりするといいでしょう。

ここまでは国民年金について紹介しましたが、一方の厚生年金の場合、受給額はもらっている給料にともない変動しますので、計算は複雑になります。ここではどのようなものなのか、少しだけ触れておきましょう。年金額を決めるのは、次の式です。

年金額＝報酬比例部分＋経過的加算＋加給年金額

このうち、年金額計算の基礎となるのは報酬比例部分で、年金の加入期間や過去の報酬額によって決まります。

用いられる計算式は平成15年3月以前の加入期間と平成15年4月以降の加入期間で異なっており、両者を足した額が報酬比例部分となります。これは、賞与に対しても保険料が課せられるように制度が改正されたためです。

(A) 平成15年3月以前の加入期間

平均標準報酬月額×7.125／1000× 平成15年3月以前の加入期間の月数

(B) 平成15年4月以降の加入期間

平均標準報酬額×5.481／1000× 平成15年4月以降の加入期間の月数

この(A)と(B)を足したものが、報酬比例部分となります。

経過的加算は、60歳以降に受けられる「特別支給の老齢厚生年金」との差額を保証するものです。加給年金は、受給者によって生計を維持

されている配偶者や子の年齢などによって支給額が決まります。ねんきんネットでは見込み額を試算できますが、原則としてこの加給年金は反映されないようです。

詳しい額は勤務先などの専門の方に調べてもらったり、おおよその見込み額であればねんきんネットや毎年送られてくるねんきん定期便で確認したりするといいでしょう。

ちなみに、厚生労働省の「令和3年度 厚生年金保険・国民年金事業の概況」によると、受給者の平均年金月額は14万5665円となっています。

先生の一訓

厚生年金はもらってきた給料に
関係しますから、詳細を知りたい場合は
専門家に相談しましょう。

介護が必要になると
かかる費用は？

人生はなにが起きるかわかりません。病気になることもあるし、怪我をすることもあるでしょう。特に年老いてからは、介護を受けなければならなくなることも想定しておく必要があります。

さきほど取り上げた、あなたを救う数式のひとつをもう一度思い出してください。

貯金÷（月の支出−月の収入）

自宅や施設などで介護を受けることになった場合、支出はどう変わるのか、漠然とでもいいので、イメージしておきましょう。ひと月に必要なお金がどう変わるのかを把握しておけば、将来のためにどの程度の貯金があれば万一の場合にも安心なのか、ある程度見えてくるはずです。

さて、介護が必要になった場合に、健康保険のような役割をしてくれるのが、介護保険です。食事を手伝ってもらったり、トイレを手伝ってもらったりといった介護にかかる費用のうち原則として9割を負担してもらえるため、自己負担は1割で済みます。

そう考えると、支出はある程度抑えられそうですが、自宅を離れ、老人ホームなどの施設に入ることも選択肢として考えられます。食費や家賃など介護以外の費用も発生しますから、選んだ先によっては支出が大きく変わる可能性があります。

負担額の軽減制度や民間の介護保険などである程度はカバーされる

こともありますが、ここではそれらを抜きにして、介護施設にお世話になった場合にどの程度の費用が必要となるのか、少し取り上げましょう。

長期間入居できる施設の場合、最も財布に優しいのは、地方公共団体や社会福祉法人などが運営する介護老人福祉施設でしょう。介護老人福祉施設は特別養護老人ホームと同じと考えてかまいません。この施設は生活介護中心で日常生活の支援もしてくれます。

入所条件は、
●65歳以上で要介護3以上の方
●40歳～64歳で特定疾病が認められた要介護3以上の方
●特例により入居が認められた要介護1～2の方

ということになっています。ただ、条件を満たしたからといってすぐに入れるとは限らず、数年待たないと入れない地域もあるのが現状です。

初期費用はかからず、月額費用の目安は、大体10万円から15万円です。費用に食費は含まれますが、普段の生活物資などのお金もかかります。

地方公共団体が運営するものとしては、介護老人保健施設もあります。要介護1以上が条件となり、入居期間は基本的に3ヶ月～6ヶ月の期間限定です。4人部屋が多く、個室や2人部屋だと特別料金があるようです。こちらの月額利用料は10万円～20万円くらいです。

一方、民間企業が運営する介護付き有料老人ホームは割高で、初期費用もかかります。初期費用がない施設もありますが、その場合は月額が高くなります。

費用をなるべく抑えたいときには、相部屋でお風呂は共同の施設になるでしょう。入所者3人に対してスタッフが1人配置される標準の施設ですと、初期費用として数十万円が必要になり、だいたい15万円以上の月額使用料がかかります。個室などのより手厚いサービスを望む場合は、金額がさらに上昇します。初期費用が1000万円を越え、月額も二十数万円となるような場合もあります。

民間の施設に入った場合、厚生年金の平均受給額だけでは毎月足が出てしまうのが実情です。地方公共団体の施設に入れたら良いのですが、待つ時間もあります。それでも入れるかどうかわかりませんし、入居する期間が長くなれば、お金もそれだけ必要になります。

たとえば、生活費なども含めて1ヶ月20万円かかる施設に10年入るとします。1年は12ヶ月ですから、必要になる額は次のように求められます。

$$20 \times 12 \times 10 = 2400\,万円$$

かなりの額ですが、毎月の収入も計算に組み込めば、どれほどの蓄えがあれば安心なのかも見えてきます。次の式で考えてみましょう。

$$（月の支出 - 月の収入）\times 月数$$

※頭金がある場合は、最後に頭金の分も加える必要があります。

ひと月あたりの収入が厚生年金の平均値に近い15万円で、生活費なども入れると毎月かかるお金が20万円となる施設に5年間お世話になる場合はどうなるでしょうか。

$$（20 - 15）\times 12 \times 5 = 300\,万円$$

今度は、同じ施設に15年間お世話になる場合を計算してみましょう。

$$（20 - 15）\times 12 \times 15 = 900\,万円$$

実際は入居期間の平均はもっと短いようですが、入居期間が10年、20年といった長さになると、必要な予算もそれだけ膨らみます。よりよいサービスを望めば、なおさらです。収入はさきほどと同じで、施設だけグレードアップさせてみましょう。

初期費用が1000万円、月額使用料や生活費などで
月に25万円かかる施設に5年間入ると、どうなるでしょうか。

$$（25－15）×12×5＋1000＝1600万円$$

期間を15年に延ばすと、どうでしょう。

$$（25－15）×12×15＋1000＝2800万円$$

このように、かかる費用は施設や期間によってピンキリです。一部の施設について大雑把に説明しましたが、他にもさまざまな種類がありますので、詳しくは、ご自分で調べてみることをおすすめします。

自身で健康に注意するのが一番お金を使わずに、幸せに暮らす方法かもしれませんが、病気のリスクは減らすことはできても、ゼロにはなりません。そもそも、健康に過ごせていたとしても、いろいろなことでお金はかかってしまうものです。介護にかぎらず、さまざまな可能性も考慮しつつ、四則演算を活用して将来の計画を練っておきましょう。

先生の一言

給料の高い大企業であれば、それなりに
退職金をもらえ、厚生年金もある程度の額が
支払われることになります。
退職金が少ない人は給料も低めであることが
多いですから、厚生年金も低めになります。
老後の介護施設選びにも貧富の差は
つきまとうのです。
これがわかってもどうしようもないでしょうか。
そうではなく、今では若ければかなり安く
入れる保険もあります。
早くから老後の設計を考えることは大切です。

「72」でわかる、預金が2倍になる期間

老後を迎えるにあたって、貯蓄は少しでも多いに越したことはありません。預金などの余裕は、暮らしにも直結します。それだけに、金融機関に預けたお金がどのように増えていくかも、気になるところ…なのではありますが、あまり期待が持てないのが実際のところでしょう。

銀行に預けたとすると、利率が年率1％の場合、約72年後に預金は2倍になります。しかしながら、この本を書いている時点で、メガバンクの定期預金金利は0.002％のような低さです。つい最近、そのうちの一行が金利を100倍にしましたが、それでも0.2％です。死ぬまで粘っても、預金が2倍になることはないでしょう。

かといって、そんなことを考えるのは意味がないと思うのは間違いです。たとえば、預金と違って元金が保証されないリスクはありますが、株を使って運用する投資信託ですと、運用実績が良いと、年率が6％くらいになることもあります。資産を2倍に増やすのは、夢の話とも限らないのです。

資産を何倍かにしたい場合、この利率ならば、どの程度の期間で希望が達成できるか。

こうした計算は老後の設計には大切です。実は、目的達成に要する年月や利率を簡単に計算する方法があります。2倍、3倍などと切りの良い額に増やすまで、何年を要するのかを概算できるのです。あくまでも近似計算ですから、正確に何年で2倍という計算ではありませんので注意してください。それでは具体的に考えてみましょう。

年間の利率が2%の預金に預けたとします。100万円預けて1年経つと元金合計はいくらになるでしょう。

1年で2%＝0.02だけの利子が付きますから、

$$100 \times (1 + 0.02) = 100 \times 1.02$$
$$= 102 \text{万円}$$

になります。

次の年からは利子の分にも利子がつく複利となります。つまり、元利合計の102万円に対して利子が付くことになるので、

2年後の元利合計は

$$102 \times (1 + 0.02) = 102 \times 1.02$$
$$= 104.04 \text{万円}$$

となります。
最初から考えると、

$$102 \times 1.02 = 100 \times (1 + 0.02) \times (1 + 0.02)$$
$$= 100 \times (1 + 0.02) \text{の2乗}$$

です。これを繰り返して

3年後の元利合計は

$$100 \times (1 + 0.02) \text{の3乗}$$

4年後の元利合計は

$$100 \times (1 + 0.02) \text{の4乗}$$

・・・・・・・

n年後の元利合計は

$100 \times (1 + 0.02)$ の n 乗

この計算を何度も繰り返して、いつ200万円になるかを調べるのは、大変です。電卓を使ってもかなりかかります。Excelが使える人は少し速く計算できるでしょう。実際に年間の利率が1％から6％の場合にそれぞれ何年で預金が2倍になるかを計算した表を書いておきます。

興味のある方は、自分で計算してみてください。実際に計算すると数字に慣れるので、理解しやすくなります。このとき、注意して欲しいのは、預金の元金がいくらであっても2倍になる期間は変わりがないということです。今回の例では100万円を元金にしましたが、元金は10万でも1000万でも、2倍になるまでに要する期間は同じです。2倍になる期間を決めるのは利率だけです。

先生の一訓

元金がいくらでも、2倍になる期間は同じ。
お金持ちは元金が多いからといって、
早く2倍になるわけではありません。
ただし、10万の2倍は20万、
1000万の2倍は2000万。
お金持ちはますますお金がたまります。
若いときからコツコツ元金を増やしましょう。

	1%	2%	3%	4%	5%	6%
1	1.01	1.02	1.03	1.04	1.05	1.06
2	1.0201	1.0404	1.0609	1.0816	1.1025	1.1236
3	1.030301	1.061208	1.092727	1.124864	1.157625	1.191016
4	1.040604	1.082432	1.125509	1.169859	1.215506	1.262477
5	1.05101	1.104081	1.159274	1.216653	1.276282	1.338226
6	1.06152	1.126162	1.194052	1.265319	1.340096	1.418519
7	1.072135	1.148686	1.229874	1.315932	1.4071	1.50363
8	1.082857	1.171659	1.26677	1.368569	1.477455	1.593848
9	1.093685	1.195093	1.304773	1.423312	1.551328	1.689479
10	1.104622	1.218994	1.343916	1.480244	1.628895	1.790848
11	1.115668	1.243374	1.384234	1.539454	1.710339	1.898299
12	1.126825	1.268242	1.425761	1.601032	1.795856	2.012196
13	1.138093	1.293607	1.468534	1.665074	1.885649	2.132928
14	1.149474	1.319479	1.51259	1.731676	1.979932	2.260904
15	1.160969	1.345868	1.557967	1.800944	2.078928	2.396558
16	1.172579	1.372786	1.604706	1.872981	2.182875	2.540352
17	1.184304	1.400241	1.652848	1.9479	2.292018	2.692773
18	1.196147	1.428246	1.702433	2.025817	2.406619	2.854339
19	1.208109	1.456811	1.753506	2.106849	2.52695	3.0256
20	1.22019	1.485947	1.806111	2.191123	2.653298	3.207135
21	1.232392	1.515666	1.860295	2.278768	2.785963	3.399564
22	1.244716	1.54598	1.916103	2.369919	2.925261	3.603537
23	1.257163	1.576899	1.973587	2.464716	3.071524	3.81975
24	1.269735	1.608437	2.032794	2.563304	3.2251	4.048935
25	1.282432	1.640606	2.093778	2.665836	3.386355	4.291871
26	1.295256	1.673418	2.156591	2.77247	3.555673	4.549383
27	1.308209	1.706886	2.221289	2.883369	3.733456	4.822346
28	1.321291	1.741024	2.287928	2.998703	3.920129	5.111687
29	1.334504	1.775845	2.356566	3.118651	4.116136	5.418388
30	1.347849	1.811362	2.427262	3.243398	4.321942	5.743491
31	1.361327	1.847589	2.50008	3.373133	4.538039	6.088101
32	1.374941	1.884541	2.575083	3.508059	4.764941	6.453387
33	1.38869	1.922231	2.652335	3.648381	5.003189	6.84059
34	1.402577	1.960676	2.731905	3.794316	5.253348	7.251025
35	1.416603	1.99989	2.813862	3.946089	5.516015	7.686087

	1%	2%	3%	4%	5%	6%
36	1.430769	2.039887	2.898278	4.103933	5.791816	8.147252
37	1.445076	2.080685	2.985227	4.26809	6.081407	8.636087
38	1.459527	2.122299	3.074783	4.438813	6.385477	9.154252
39	1.474123	2.164745	3.167027	4.616366	6.704751	9.703507
40	1.488864	2.20804	3.262038	4.801021	7.039989	10.285718
41	1.503752	2.2522	3.359899	4.993061	7.391988	10.902861
42	1.51879	2.297244	3.460696	5.192784	7.761588	11.557033
43	1.533978	2.343189	3.564517	5.400495	8.149667	12.250455
44	1.549318	2.390053	3.671452	5.616515	8.55715	12.985482
45	1.564811	2.437854	3.781596	5.841176	8.985008	13.764611
46	1.580459	2.486611	3.895044	6.074823	9.434258	14.590487
47	1.596263	2.536344	4.011895	6.317816	9.905971	15.465917
48	1.612226	2.58707	4.132252	6.570528	10.40127	16.393872
49	1.628348	2.638812	4.256219	6.833349	10.921333	17.377504
50	1.644632	2.691588	4.383906	7.106683	11.4674	18.420154
51	1.661078	2.74542	4.515423	7.390951	12.04077	19.525364
52	1.677689	2.800328	4.650886	7.686589	12.642808	20.696885
53	1.694466	2.856335	4.790412	7.994052	13.274949	21.938698
54	1.71141	2.913461	4.934125	8.313814	13.938696	23.25502
55	1.728525	2.971731	5.082149	8.646367	14.635631	24.650322
56	1.74581	3.031165	5.234613	8.992222	15.367412	26.129341
57	1.763268	3.091789	5.391651	9.35191	16.135783	27.697101
58	1.780901	3.153624	5.553401	9.725987	16.942572	29.358927
59	1.79871	3.216697	5.720003	10.115026	17.789701	31.120463
60	1.816697	3.281031	5.891603	10.519627	18.679186	32.987691
61	1.834864	3.346651	6.068351	10.940413	19.613145	34.966952
62	1.853212	3.413584	6.250402	11.378029	20.593802	37.064969
63	1.871744	3.481856	6.437914	11.83315	21.623493	39.288868
64	1.890462	3.551493	6.631051	12.306476	22.704667	41.6462
65	1.909366	3.622523	6.829983	12.798735	23.839901	44.144972
66	1.92846	3.694974	7.034882	13.310685	25.031896	46.79367
67	1.947745	3.768873	7.245929	13.843112	26.28349	49.60129
68	1.967222	3.844251	7.463307	14.396836	27.597665	52.577368
69	1.986894	3.921136	7.687206	14.97271	28.977548	55.73201
70	2.006763	3.999558	7.917822	15.571618	30.426426	59.07593

この計算は、もっと速くする方法があります。1年間の利率が決まると、何年で2倍になるか、割り算を1回するだけでわかります。先ほどの例では1年で2％の利子が付きます。

このとき、概算ですが、72を2で割ります。なぜ72を2で割るのかを説明するには、対数という数学の知識が必要です。たいていの方は高校2年生で習いますが、その後は忘れてしまうでしょう。ここでは、あまり理由には深入りせず、結果を使いましょう。

$72 \div 2 = 36$ 年

1年2％の利子で、複利で計算すると、大体36年で2倍になります。先の表は実際に2倍になる期間を、いくつかの年利で正確に計算したものです。この表を見てみると、実際に年利2％なら35年では2倍にほんの少し足りず、36年では充分に2倍になっています。このように年利の％で72を割ると、2倍になる大体の年数を求めることができます。

この方法を使って、色々な利子で元金が2倍になる期間を計算してみましょう。

どうしても面倒な方は電卓を使ってもかまいませんが、ここでは、急いでいるわけではありませんから、手計算でやってみて下さい。

先生の一訓

手計算など必要ないと思ったら大間違い。
桁数の勘が身につくと
つまらない間違いをしなくなります。
ちなみに理系の資格試験では
電卓を使えない試験があります。
数学は頭でやるものではありません。
筋肉も骨も使います。

年利1％で元金が2倍になるのは

$$72 \div 1 = 72 \text{ 年}$$

年利2％で元金が2倍になるのは

$$72 \div 2 = 36 \text{ 年}$$

年利3％で元金が2倍になるのは

$$72 \div 3 = 24 \text{ 年}$$

ここからは自分で解いてみてください。割り切れない場合、小数点第2位以下は四捨五入してかまいません。

① 年利4％で元金が2倍になるのは

$$72 \div 4 = \boxed{} \text{ 年}$$

② 年利5％で元金が2倍になるのは

$$72 \div 5 = \boxed{} \text{ 年}$$

③ 年利6％で元金が2倍になるのは

$$72 \div 6 = \boxed{} \text{ 年}$$

④ 年利7％で元金が2倍になるのは

$$72 \div 7 = \boxed{} \text{ 年}$$

⑤ 年利8％で元金が2倍になるのは

$72 \div 8 = \boxed{}$ 年

⑥ 年利9％で元金が2倍になるのは

$72 \div 9 = \boxed{}$ 年

銀行は現在、これほど高い金利は望めません。10年くらいで資産を2倍にしたいときには株や投資信託の力を借りないといけないでしょう。10％の利子が付いたら売るというような手堅い方法で運用するのがいいかもしれません。ただし、株は元金を割り込むこともありますからくれぐれも慎重に運用してください。

先生の一言

マイナス金利はどう考えても自然な政策ではありません。不自然な政策は破綻します。
それと同じで、不自然な利率も破綻します。
株はゼロになることもありますが、
国債なら元本が保証され、
金利も長期国債ならそれなりにあります。
いろいろお約束はあるものの、
日本政府と心中する気があるなら
健全な投資だと思います。

平均値との格差は気にしなくて大丈夫？

数字は現実をよく表しているときもありますが、全く間違って、極端な部分だけが切り取られることもあります。何を表しているのかを落ち着いて見ないといけません。新聞の数字などは慎重に見て、数字を疑いながら考える必要があります。

以前、政府の政策が功を奏して、有効求人倍率が上がったといった内容の記事がありました。そのとき、全体を見ると確かに求人倍率は上がっていたのですが、事務職の求人倍率は極めて低いものでした。求職している人と求人の職種がマッチングしていなかったのです。数字に騙されないためには、前後をよく読んで、その数字が実際には何を表しているのか考えることが大切です。

特に昨今、新聞やインターネットでは、老後とお金に関する記事をよく見かけます。日本は今後、高齢者がますます増えますし、死ぬまで安心して生活できるかどうかは誰もが気になるところでしょう。人々の関心が大きいことを取り上げるのは当たり前ですが、なかには適当な記事もありますから、注意が必要です。なかでも、鵜呑みにしてはいけないのが、統計の平均値をもとに記事が展開されている場合です。平均値は多くの人の現実から乖離しやすい数値なのです。

たとえば、60歳代で二人世帯の金融資産保有額の平均値は2427万円という調査結果があります（金融広報中央委員会「家計の金融行動に関する世論調査」［二人以上世帯調査］令和3年版）。かなり高額な貯蓄があると驚きました。これだけの蓄えがあれば老後に向けての用意は充分と言えますし、60歳以降の生活に2000万円必要というニュースを見ても、驚くことはないでしょう。しかし実際には「そんなに必要なのか」と多くの人が驚いています。平均値ほどの貯蓄をしていない世帯が多いということです。

平均値が現実を表していないのではないかと疑わしい場合は、中央値という値を調べてみます。中央値とは、名前の通り、真ん中にある値のことです。

5, 7, 9, 7, 3というデータがあったら、大きい順、もしくは小さい順に並べ直します。小さい順では3, 5, 7, 7, 9となり、真ん中の数字は7です。このデータの中央値は7ということになります。同じ数があってもそのまま、ある数だけ並べます。

2, 3, 4, 5, 5, 5というデータのときには、4と5が真ん中にありますから、4と5の平均を取って、4.5が中央値です。

さて、さきほどの調査の場合、60代世帯の金融資産保有額の平均値は2427万円でしたが、中央値は810万円です。こちらの方が平均値より現実的な数値になっているように思えませんか。

平均値と中央値にこれだけの隔たりがあるということは、平均値を大金持ちが引っ張り上げていることを示しています。こういうときには、実際の貯蓄額の分布を調べて、その分布からいろいろなことを考えないといけません。

この調査では、3000万円以上あると答えた世帯が22.8％だった一方で、金融資産を保有していない世帯も19.0％いました。中央値でもまだまだ高く感じるほどなのです。老後の蓄えは個々の世帯で違いますから、統計的な数値を切り取って、個別の案件に当てはめて考えるのは危険です。

先生の一言

数値は現実のある面だけを見ていることがほとんどです。さらに、自分の理論や政策の正しさを押しつけるために、都合の良い数字を使うこともあります。学者も政府もやります。どうやって集めた数値なのかをいつも考えましょう。

年を取ると保険の掛け金が上がるワケ

以前、テレビで「払い込む額は月々 3000円で済みます」と宣伝していた保険に自分の年齢で加入した場合はどうなるのか、計算してみたことがあります。払い込む額はなんと2万5000円になりました。ただ、これは当然の結果です。その理由について、保険の仕組みを単純化して考えてみましょう。

死亡時に1000万円もらえる保険に入ったとします。この保険に契約した人が2000人いるとしましょう。このうち、加入して1年以内に亡くなる方が、0.0028の確率でいたとします。簡単にするために0.003の確率（0.3%）にしておきましょう。

2000人×0.003＝6人

2000人の契約者のうち、6人の方が最初の1年間に亡くなる計算です。保険会社は、この6人のために6000万円を用意しておかないといけません。では、2000人の契約者で6000万円をまかなうには、一人あたり毎月いくら負担すればよいでしょうか、

6000万÷2000人＝3万

一人の1年間の負担は最低限3万円です。もちろん、亡くなった人はその後は支払いませんが、全体で2000人いるなかでの6人は少ないと考えて、この誤差は考えないことにしましょう。年間の契約者の負担が3万円ですから、1ヶ月にならすと

3万円÷12＝2500円

少なくとも月々2500円を契約者が払う必要があります。もちろん、

この額は最低限で、保険会社は契約金をそれよりも高く設定します。これは当然のことで、そうでなけなれば保険会社は潰れてしまいます。

今度は、先ほどの設定から契約者だけ1000人に変わった場合を考えてみましょう。このうち、亡くなる可能性がある方は

1000人×0.003＝3人

3人の方が1年で亡くなる計算なので、保険会社が用意しなければならないお金は3000万円です。

契約者は1000人いますから、一人あたりの負担額は年間で3万円。ひと月あたりにするとこの場合も2500円が最低でも必要です。

ここまでの2つのケースでは、保険加入者の毎月の払込額は変わりません。加入者数が変わっても負担するお金は同じということです。次は、年間に死亡する確率が変わるとどうなるか、約0.006に増やして計算してみましょう。死亡時にもらえる額はこれまでと同じ、1000万円で考えます。この保険に契約した人が2000人いて、保険加入後1年以内に亡くなる方が、約0.006の確率でいるとしましょう。

2000人×0.006＝12人

12人の方が最初の1年間に亡くなる計算です。保険会社はこの12人のために12000万円（1億2000万円）を用意しておかないといけません。この場合、契約者一人あたりの払込額は、毎月最低でいくらになるでしょう。年間の負担は

12000万÷2000人＝6万

一人の1年間の負担は最低限6万円です。1ヶ月にならすと

6万円÷12＝5000円

少なくとも月々5000円を契約者が払う必要があります。もちろん、保険会社は、これより高い掛け金を設定しないといけません。

では、年間の死亡確率が上がるのはどのような場合かというと、保険加入者の平均年齢が高くなった場合です。年を取った人たちが保険に入るときに掛け金が上がるのは、仕方がないことなのです。

ただ、掛け金を下げる手段もあります。これまでの計算は、死亡時に受け取るお金を1000万円で統一していましたが、この額を500万円に下げて計算してみましょう。保険に契約した人が2000人、保険加入後1年以内に亡くなる方は約0.006の確率でいるとします。

12人の方が最初の1年間に亡くなる計算ですから、保険会社が用意しておかねばならないお金は6000万円となります。となると、契約者一人あたりの払込額は、どうなるでしょうか。年間の負担は

6000万÷2000人＝3万

1ヶ月にならすと

3万円÷12＝2500円

当たり前ではありますが、受け取り額が半分に減った分、最低限の払込額も半分でよくなるというわけです。

先生の一訓

「今から保険に加入しても、
払い込む額が高くなるから大変」と
すぐ諦める必要はありません。
ただ、毎月の収支で無理がないかも
よく考えたうえで、加入すべきか
どうか検討しましょう。

第二部

日々の暮らしに役立つ四則演算

今や100年を越えることも珍しくない人生は、
1年、1ヶ月、さらには1日1日の積み重ねで成り立っています。
ここでは、普段の暮らしをちょっとだけ充実させる計算法を
いくつか取り上げましょう。
現実で役立つのは難しい数学だけとは限りません。
日々の生活にもたらされる少しばかりの余裕が、
大きな心のゆとりや健康へとつながるはずです。

鶴亀算と連立方程式の忘れられがちな共通項

こ こでは、江戸時代の市井の人々によって作られた問題を拝借して、鶴亀算と連立方程式の特色に迫ることにしましょう。

西洋の数学が浸透する明治より前の時代、人々にとって数学といえば、中国の数学から影響を受け、日本で独自の発展をとげた和算でした。当時の和算の問題は、寺子屋の教科書だけでなく、神社の絵馬にも残されています。

和算の好きな人が「この問題解けますか？」と、神社を訪れる一般の人や問題を解くのが好きな人、和算の先生などに向けて絵馬を使って出題していたのです。それを解いた人は答えを書きこんで、今度は自分が問題を出します。そんなキャッチボールをしていました。街中で数学が楽しまれるとは、なんて素敵なことでしょうか。こうした問題が書かれた絵馬は、算額と呼ばれています。

それでは、実際に算額にあった鶴亀算スタイルの問題を解いていきましょう。鶴亀算はx、yを使った連立方程式に頼ればスラスラと解けますが、当時は連立方程式を用いず、問題の構造から解き方をひねり出していました。鶴亀算と連立方程式、両方の特色を理解できるよう、同じ問題をそれぞれのやり方で解いてみましょう。

未知数xを使った方程式の解き方は
ヨーロッパの数学の特徴とも言えます。
方程式を使って問題を解くから優れていると
考えるのは間違いです。
問題の構造を理解して解くことは
現実を理解することにつながります。

例題

雉と兎が合わせて50羽います。足の数は合わせて122本です。
雉の足は2本、兎の足は4本です。それぞれ何羽いるでしょう。

この問題は典型的な鶴亀算です。最初は未知数を使う連立方程式ではなくて、問題の事実関係を考えて解きましょう。これが本来の現実を理解する方法です。

全てが兎と考えると足の数は

$$4 \times 50 = 200$$

になります。
ところが足の数は122本ですから、その差は

$$200 - 122 = 78$$

この差は雉の足が2本少ないことによって起こることです。
雉1羽について2本少ないのですから

$$78 \div 2 = 39$$

が雉の数です。残りが兎ですから、50−39で11羽が兎になります。中学生にこの問題を出せば、xとyを使って連立方程式で解くことが多いでしょう。今度は連立方程式で解いてみることにします。

雉が x 羽、兎が y 羽いるとしましょう。あわせて50羽ですから

$$x + y = 50 \quad \text{(a)}$$

雉の足は2本、兎の足は4本なので、すべての足は

$$2x + 4y = 122 \quad \text{(b)}$$

となります。(a) と (b) から x と y を求めます。解く手順はいくつかありますが、y を消去しましょう。(a) の両辺を4倍して (a) の y の係数と (b) の y の係数をそろえます。

$$4x + 4y = 200 \quad \text{(a)} \times 4$$

$$2x + 4y = 122 \quad \text{(b)}$$

上の式から下の式を引くと

$$2x = 78$$

両辺を2で割ると

$$x = 39$$

(a) 式から

$$y = 50 - x = 50 - 39 = 11$$

$$x = 39 \quad y = 11$$

になるので、雉が39羽、兎が11羽になります。
この未知数を使って連立方程式を解く方法は、最初に解いた方法と発想は同じです。

(a) 式の両辺を4倍するところは、全部が兎だと思ったときの足の数です。雉の数 x も4倍していることが全部を兎と思うことに対応し

ます。すると足が200本になります。本当の足の数は122本ですから、この差が雉の足が兎の足より2本少ないことで起きています。

鶴亀算ではこの差を2で割りました。連立方程式でも2つの式の差を取って2で割りました。解き方が対応しています。

$$2x = 78$$

の両辺を2で割ったところが対応しています。鶴亀算で解いた方法は現実を理解してそれを使って解いています。数と事実関係が一つひとつ対応しています。連立方程式の解法も、実は現実の状態と対応して式が変形されています。本来は式の変形もこのように現象の変化に対応していないといけません。

未知数を使って方程式を解くと機械的に解けるから簡単になるという説明がよくありますが、間違いです。式の変形も現象を表していないといけません。

とはいえ、連立方程式はそれだけを練習して解けるようにならないといけません。何故かと言うと、色々な問題を解くときに使うからです。たとえば直線と直線の交点を求めるときに、使った覚えがあると思います。連立方程式の解法は、その変形が現象の変化を表していないといけませんが、解いているときは、解法が一人歩きします。その一人歩きのところを練習しないと速く解けるようになりません。

しかし、これには弊害もあります。解法の意味が消えて機械的な手順だけが残ってしまうので、間違えても気がつかなくなるのです。これは危険です。いつでも式が何を表しているかということを振り返りましょう。

それでは、連立方程式の解法を練習してみましょう。
さきほどの解き方をまねすればできます。

① $x + y = 5$ (a)

  $5x + 2y = 19$ (b)

yを消去しましょう。(a)の両辺を2倍します。

$5x+2y=19$ (b)

$\boxed{}x+\boxed{}y=\boxed{}$ (a)×2

上の式から下の式を引いて

$\boxed{}x=\boxed{}$

$x=\boxed{}$ $\qquad$ $y=5-\boxed{}=\boxed{}$

もう一題違うタイプを練習しましょう。

② $2x+3y=4$ (a)

$3x+4y=7$ (b)

yを消去しましょう。(a)の両辺を4倍して、(b)の両辺を3倍すると yの係数が同じになります。

$\boxed{}x+\boxed{}y=\boxed{}$ (a)×4

$\boxed{}x+\boxed{}y=\boxed{}$ (b)×3

下の式から上の式を引いて

$x=\boxed{}$

$$\boxed{}^{(8)} + 3y = 4 \quad 3y = 4 - \boxed{}^{(8)} = \boxed{}^{(9)}$$

$$y = \boxed{}^{(10)}$$

連立方程式の解法も慣れた頃なので、上の解法をまねて何題か問題を解いてみましょう。一度に全部を解く必要はありません。それより、一題を繰り返してください。解き方の例は次のページに載せていますので、まず自分で解いてから確認してください。

練習 ①

$$x - y = 3 \quad \text{(a)} \qquad 3x - 2y = 7 \quad \text{(b)}$$

練習 ②

$$x + y = 7 \quad \text{(a)} \qquad 4x + 3y = 24 \quad \text{(b)}$$

$$x-2y=5 \ (a) \qquad 2x+y=5 \ (b)$$

先生の一訓

問題はたくさん解くより一題を繰り返す
ほうが早く慣れて得意になります。

練 習 解 答 例

練習 ①

x−y=3 (a)　3x−2y=7 (b)
↓
2x−2y=6 (a)×2
3x−2y=7 (b)
↓
x=1
↓
1−y=3
↓
y=−2
答え　x=1、y=−2

練習 ②

x+y=7 (a)　4x+3y=24 (b)
↓
3x+3y=21 (a)×3
4x+3y=24 (b)
↓
x=3
↓
3+y=7
↓
y=4
答え　x=3、y=4

練習 ③

x−2y=5 (a)　2x+y=5 (b)
↓
2x−4y=10 (a)×2
2x+y=5 (b)
↓
−5y=5
↓
y=−1
↓
x+2=5
↓
x=3
答え　x=3、y=−1

足し算、引き算の暗算は少しの工夫で劇的に変わる

小学校に入学して、算数で最初に習うのが足し算と引き算です。四則演算のなかでも基礎中の基礎であり、ふだんの生活でもっともよく使うのもこの足し算と引き算でしょう。

簡単だと思い込んでいるからか、プラスアルファの工夫は必要ないと思われがちです。しかし、これはもったいない限りです。

スーパーで買い物をして、レジでの会計時に何かおかしいと気づいた経験がありませんか？　いつもより少ない買い物なのに、支払いが高いのではないか、反対にちょっと安すぎるのではないかなど、金額が合っているのか気になることがあります。

これはそろばんを習った人には自然についてくる感覚ですが、足し算、引き算の手計算が少し速くできれば、普通の人にも持てる能力です。そのために必要なのが、ほんの少しの工夫なのです。

そのコツとは、近くにある切りの良い数字を使うことです。98ならば100を使うとか、4921の代わりに4900に注目するといったことだけで、計算は楽になります。楽になるということは、間違いも少なくなるということです。では、例題を解いてみましょう。

$352+98$

こういうときは、98を98＝100−2と考えて

$$352+98＝352+（100−2）＝452−2＝450$$

と計算します。考え方を書いたので、カッコを使いましたが、先に100を足して、後で2を引くと考えれば暗算でもできます。

同じ数字を使って引き算もしてみましょう。

$352−98$

この場合は、先に100を引いておいて、後から2を足すことになります。

$$352−98＝352−（100−2）＝352−100+2$$
$$＝252+2＝254$$

では、ここから先はみなさんの力で問題を解いてみてください。

① $763−96$

96を [(1)] にします。763から [(1)] を引いて [(2)] を足します。

$$763−96＝763−\overset{(1)}{\boxed{}}+\overset{(2)}{\boxed{}}＝\overset{(3)}{\boxed{}}+\overset{(2)}{\boxed{}}$$
$$＝\overset{(4)}{\boxed{}}$$

② $786+298$

298を [(1)] と思って、 [(1)] を足して [(2)] を引きます。

$$786+298＝786+\overset{(1)}{\boxed{}}−\overset{(2)}{\boxed{}}$$
$$＝\overset{(3)}{\boxed{}}−\overset{(2)}{\boxed{}}＝\overset{(4)}{\boxed{}}$$

ここからは、今までの計算方法をまねて、進めましょう。

③ 786－298

[(1)] を引いて [(2)] を足します。

$786 -$ [(1)] $+$ [(2)] $=$ [(3)]

④ 823＋396

[(1)] を足して [(2)] を引きます。

$823 +$ [(1)] $-$ [(2)] $=$ [(3)]

⑤ 823－396

[(1)] を引いて [(2)] を足します。

$823 -$ [(1)] $+$ [(2)] $=$ [(3)]

⑥ 593＋497

[(1)] を足して [(2)] を引きます。

$593 +$ [(1)] $-$ [(2)] $=$ [(3)]

⑦ 593－497

[(1)] を引いて [(2)] を足します。

$593 -$ [(1)] $+$ [(2)] $=$ [(3)]

⑧ 623＋198

[(1)] を足して [(2)] を引きます。

623＋[(1)]－[(2)]＝[(3)]

⑨ 623－198

[(1)] を引いて [(2)] を足します。

623－[(1)]＋[(2)]＝[(3)]

⑩ 256－197

[(1)] を引いて [(2)] を足します。

256－[(1)]＋[(2)]＝[(3)]

⑪ 256＋197

[(1)] を足して [(2)] を引きます。

256＋[(1)]－[(2)]＝[(3)]

⑫ 155－98

[(1)] を引いて [(2)] を足します。

155－[(1)]＋[(2)]＝[(3)]

⑬ 155＋98

⟨(1)⟩ □ を足して ⟨(2)⟩ □ を引きます。

155＋⟨(1)⟩ □ −⟨(2)⟩ □ ＝⟨(3)⟩ □

⑭ 1015−897

⟨(1)⟩ □ を引いて ⟨(2)⟩ □ を足します。

1015−⟨(1)⟩ □ ＋⟨(2)⟩ □ ＝⟨(3)⟩ □

⑮ 1015＋897

⟨(1)⟩ □ を足して ⟨(2)⟩ □ を引きます。

1015＋⟨(1)⟩ □ −⟨(2)⟩ □ ＝⟨(3)⟩ □

先生の一訓

こんなこと覚えなくても計算できる、
という方は覚えなくてもかまいません。
ただ、この工夫のような
ちょっと気がついたことを
自然にできるようになると、
生活が楽になります。
数学に限った話ではありません。

⑯ $95 + 48$

[(1)　　] を足して [(2)　　] を引きます。

$$95 + \boxed{^{(1)}} - \boxed{^{(2)}} = \boxed{^{(3)}}$$

⑰ $95 - 48$

[(1)　　] を引いて [(2)　　] を足します。

$$95 - \boxed{^{(1)}} + \boxed{^{(2)}} = \boxed{^{(3)}}$$

⑱ $87 + 32$

[(1)　　] を足して [(2)　　] を足します。

$$87 + \boxed{^{(1)}} + \boxed{^{(2)}} = \boxed{^{(3)}}$$

⑲ $87 - 32$

[(1)　　] を引いて [(2)　　] を引きます。

$$87 - \boxed{^{(1)}} - \boxed{^{(2)}} = \boxed{^{(3)}}$$

⑳ $75 + 97$

[(1)　　] を足して [(2)　　] を引きます。

$$75 + \boxed{^{(1)}} - \boxed{^{(2)}} = \boxed{^{(3)}}$$

㉑ 97−75

(1)[   ]から75を引いて(2)[   ]を引きます

(1)[   ]−75−(2)[   ]=(3)[   ]

㉒ 78＋57

(1)[   ]に57を足してから(2)[   ]を引きます。

(1)[   ]＋57−(2)[   ]=(3)[   ]

㉓ 78−57

(1)[   ]を引いて(2)[   ]を足します。

78−(1)[   ]+(2)[   ]=(3)[   ]

この問題は、切りの良い数に近いのは78ですが、57を引く計算を入れるのを避けたほうが速く答えを出せます。78を80に直して計算すると57を引く計算が入って計算しにくくなります。57を60に直す方が素直です。こういう計算の工夫は人により感じ方が変わります。自分のやりやすい方法を見つけるのも計算を速く正確にするときには大切です。

なお、問題によっては、片方だけではなく、どちらも切りの良い数字に直したほうが楽なケースもあります。

99＋96

この場合はちょっと工夫して、先に100+100をします。最後に200から足りない数の合計である5を引きましょう。

$$99＋96＝100＋100－（1＋4）＝195$$

89＋79

この場合は90と80に近いので、まず90と80を足して2を引きましょう。

$$89＋79＝90＋80－（1＋1）＝168$$

先生の一言

計算方法には、
これが絶対ということはありません。
ただし、下手な人ほど思い込みが強いので、
これが速いと感じたら素直に
その方法をまねしましょう。
できない人ほどまねしないものです。
変なプライドは捨てましょう。

少しの工夫で金利計算にも役立てられる100に近い数の掛け算

　　見厄介に思える掛け算を楽に解くためのコツがあります。そのコツが使えるのは、100に近い数同士の掛け算をする場合です。なんだ、そんな特殊な数同士の計算かと思われたかもしれませんが、この形の計算は、金利計算に応用できます。これについてはあとで述べるとして、まずは方法を説明しましょう。

この計算は、慣れるまでは紙を使うとはかどります。無理をしてまで暗算する必要はありません。紙に書いて易しくできればそれでかまわないのです。速さは大事ですが、正確さがあってこそです。

では、105×103を計算してみます。

```
  105 −5
 ×103 −3
 ─────────
  108  15 ←(−5)×(−3)
  103−(−5)
        =10815
```

図のように105×103を縦に書きましょう。ここまでは普通の筆算と同じです。

次は、100に近い数（この場合は105と103）を100にするにはどうすれば良いかを考え、その数字をそれぞれの右側に書き込みます。

105 　　　−5 　　　1の位から5を引くと100になります。

103 　　　−3 　　　1の位から3を引くと100になります。

続いて、100に近い数の片方から、もう片方の右側にある数を引きます。ここでは、103−（−5）あるいは105−（−3）です。どちらを選んでも答えは同じ108になります。この数が、かけ算の答えの上3桁になります。
下の2桁は、右側に書いた100にするための数字、−5と−3を掛け合わせることで求められます。

$$(-5)×(-3)=15$$

つまり、105×103のかけ算の結果は10815となります。桁は多くても、100に近い数の掛け算は間に0が入りますから、難しくなりません。

この形の計算は、小数点をずらしてあげるだけで、金利の計算をするときに活用できます。2年で何倍になるかが、簡単に調べられるのです。

たとえば年利7％の金融商品を2年間持ったとすると、
1年で1.07倍
2年では1.07×1.07倍になります。

1.07の小数点を右に2つずらせば107です。つまり、先ほどの計算法で107×107を計算しておいて、計算結果から小数点を左に4つずらしてあげれば、1.07×1.07の答えが求められます。小数点を右に2つずらした数字を2つ掛けるので、左に4つずらすわけです。では、計算してみましょう。

まずは1.07×1.07の小数点を右に2つずらして、107×107にします。

次に、100に近い数を100にするために必要な数字をそれぞれの右側に書き込んでから、順に計算していきます。

$$
\begin{array}{r}
107 \quad -7 \\
\times 107 \quad -7 \\
\hline
114 \quad 49 \quad \leftarrow (-7) \times (-7) \\
107 - (-7) \\
= 11449
\end{array}
$$

上3桁を出すために、107から−7を引きます。
107−(−7)=114　が上の3桁です。
下の2桁は(−7)×(−7)=49　になります。
107×107の答えは11449です。求めたいのは1.07×1.07の答えですから、移動していた小数点を戻してあげます。

$$
1.07 \times 1.07 = 1.1449
$$

11449の小数点を4つ左にずらした、1.1449倍が2年後の倍率です。元金に0.1449倍の利子が付きます。

では、ここからは100に近い掛け算をどんどん解いて、身につけていきましょう。まずは練習問題です。終わったら解答例も確認してください。

101×101

$$
\begin{array}{r}
101 \\
\times 101 \\
\hline
102
\end{array}
\qquad
\begin{array}{r}
-1 \\
-1 \\
\end{array}
$$

102 [ ] ← [ ] × [ ] = [ ]

101 − [ ] = [ ]

答え [ ]

102×102

$$
\begin{array}{r}
102 \\
\times 102 \\
\hline
104
\end{array}
\qquad
\begin{array}{r}
-2 \\
-2 \\
\end{array}
$$

104 [ ] ← [ ] × [ ] = [ ]

102 − [ ] = [ ]

答え [ ]

103×103

$$
\begin{array}{r}
103 \\
\times 103 \\
\hline
106
\end{array}
\qquad
\begin{array}{r}
-3 \\
-3 \\
\end{array}
$$

106 [ ] ← [ ] × [ ] = [ ]

103 − [ ] = [ ]

答え [ ]

練習 ④

104×104

```
  104        −4
×104        −4
─────────
  108  [    ]  ←  [   ]×[   ]=[   ]
   ↑
104−[   ]=[   ]        答え [        ]
```

練習 ⑤

105×105

```
  105        −5
×105        −5
─────────
  110  [    ]  ←  [   ]×[   ]=[   ]
   ↑
105−[   ]=[   ]        答え [        ]
```

練 習 解 答 例

練習 ①

101×101
102   01←(−1)×(−1)=1
↑
101−(−1)=102
答え 10201

練習 ②

102×102
104   04←(−2)×(−2)=4
↑
102−(−2)=104
答え 10404

練習 ③

103×103
106   09←(−3)×(−3)=9
↑
103−(−3)=106
答え 10609

練習 ④

104×104
108   16←(−4)×(−4)=16
↑
104−(−4)=108
答え 10816

練習 ⑤

105×105
110   25←(−5)×(−5)=25
↑
105−(−5)=110
答え 11025

この先の問題は、虫食い部分を増やしています。みなさんの手で計算して答えを出してください。なお、いずれの問題も、2番目に出てきた100に近い数字から、もう片方の右側にある数字を引くことにしています。

問①の場合は102から−1を引くことになります。他の問題も同じパターンで解いてみてください。

① 101×102

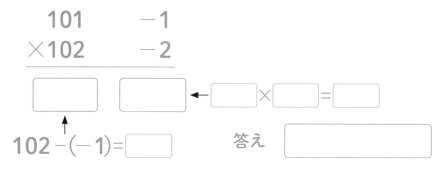

② 101×103

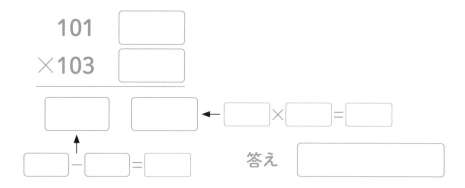

③ 102×105

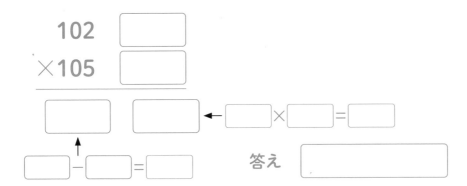

$$102 \quad \boxed{}$$
$$\times 105 \quad \boxed{}$$

$\boxed{}\ \boxed{} \leftarrow \boxed{} \times \boxed{} = \boxed{}$

$\boxed{} - \boxed{} = \boxed{}$

答え $\boxed{}$

④ 105×108

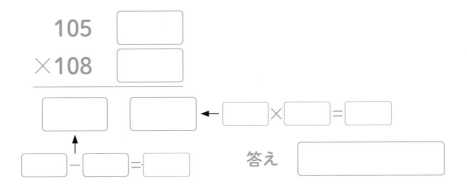

$$105 \quad \boxed{}$$
$$\times 108 \quad \boxed{}$$

$\boxed{}\ \boxed{} \leftarrow \boxed{} \times \boxed{} = \boxed{}$

$\boxed{} - \boxed{} = \boxed{}$

答え $\boxed{}$

⑤ 104×109

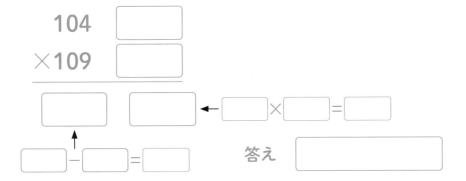

$$104 \quad \boxed{}$$
$$\times 109 \quad \boxed{}$$

$\boxed{}\ \boxed{} \leftarrow \boxed{} \times \boxed{} = \boxed{}$

$\boxed{} - \boxed{} = \boxed{}$

答え $\boxed{}$

⑥ 105×107

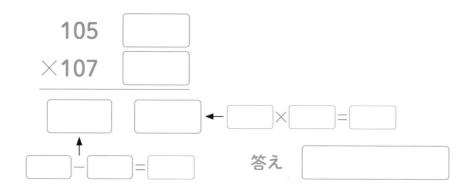

```
  105    [    ]
× 107    [    ]
```
[   ] [   ] ← [   ]×[   ]=[   ]

[   ]−[   ]=[   ]   答え [   ]

⑦ 107×104

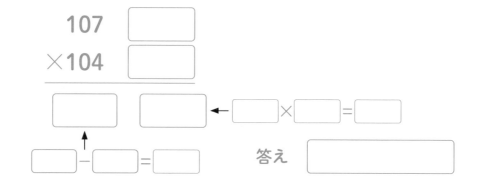

```
  107    [    ]
× 104    [    ]
```
[   ] [   ] ← [   ]×[   ]=[   ]

[   ]−[   ]=[   ]   答え [   ]

先生の一言

この計算はいつも使うという
わけではありません。
ただ、利子の計算のように
あまり慣れていない計算に取り組むのは、
なかなか億劫なものです。
そういうときにちょっと速い計算方法を
知っていると、すごく楽になった気がします。
大切な計算ほど、そんな気持ちに
なることが多いものです。

長生きは、1日に飲むお酒の量をちゃんと計算することから

則演算は食生活や健康の管理にも活かせます。お酒との付き合い方もそのひとつです。昨今、安くてアルコール度数が高いストロング系のチューハイが売れているようです。コロナの影響により家で飲む機会が増えたことも追い風になったのでしょう。当然、飲みすぎてしまう人も増えます。

では、そもそもお酒の適量とはどのぐらいなのでしょうか。厚生労働省が、アルコール摂取の基準を発表しています。一応、安全なアルコール摂取量は、純アルコール換算で20g以下とされています。

実際にはアルコールだけを飲むわけではないですから、20g以下と言われてもピンとこないでしょう。この基準は、ビール500ml、日本酒1合、ワイングラス2杯程度になると言います。飲むお酒のアルコールの量を知るには、アルコール度数をもとに計算する必要があります。

実際に計算してみましょう。ここで気をつけるべきは、お酒は液体ですから、量を表示するにあたっては基本的に重さ（質量）ではなく容量の単位であるミリリットル（ml）が用いられる点です。

水ですと1mlは1gですが、アルコールは1mlで重さが0.8gになります。このmlとgの比は比重と呼ばれ、お酒や調味料などさまざまな容量をg単位に換算する際にとても大切です。

まずは、アルコール度数が5度のビール500mlの場合です。
5度(5%)のアルコール量は、容量全体の5% =0.05ですから、
500に0.05をかけます。

$$500 \times 0.05 = 25 \, ml$$

これがアルコールの容量です。
アルコールの重さは

$$25 \times 0.8 = 20 \, g$$

ちょうど厚生労働省の基準値になります。つまり、容量で考えた場合の基準値は、上の計算の中に出てきた25mlになります。

他のお酒でも計算してみましょう。清酒ではどうでしょう。

① 清酒1合で、アルコール度数が15度の場合

15度は [　(1)　] % 　　[　(1)　] % =0.15 です

1合は [(2)] mlですから、
1合に含まれるアルコールの液体としての量は

[　(2)　] ×0.15 = [　(3)　] ml

アルコールの重さは
[　(3)　] ml × [　(4)　] = [　(5)　] g

小数点以下を四捨五入して
[　(6)　] g

ほぼ厚生労働省の基準値です。

次はワインで計算です。

② グラス1杯（120ml）のワインでアルコール度数が12度の場合

ワイングラス1杯に含まれるアルコールの量は

$$120 \times \boxed{}^{(1)} = \boxed{}^{(2)} \text{ml}$$

アルコール自体の重さは

$$\boxed{}^{(2)} \text{ml} \times \boxed{}^{(3)} = \boxed{}^{(4)} \text{g}$$

グラス2杯分に換算すると、約 $\boxed{}^{⑤}$ gです。

これで、厚生労働省の1日のアルコールの基準値に近い量はビールだと500ml、清酒では1合、ワインではグラス2杯くらいだということがわかりました。

次は飲みすぎ状態について考えてみましょう。厚生労働省は、アルコール依存症になる危険性が出てくる1日のアルコール摂取量を60gとしています。基準値の3倍飲むと"危険値"になるわけです。

安くて気軽に買える、アルコール度数が強めのチューハイを例に調べてみましょう。いわゆるストロング系チューハイと呼ばれるものです。

③ 500mlの缶のチューハイでアルコール度数が9度の場合

$$500 \times \boxed{}^{(1)} = \boxed{}^{(2)} \text{ml}$$

これがアルコールの容量です。
重さに直すと、

$$\boxed{}^{(2)} \times \boxed{}^{(3)} = \boxed{}^{(4)} \text{g}$$

これはかなりの量です。ストロング系チューハイは、アルコール度数が高い一方で、炭酸が入っているので飲みやすいのも特徴です。スイスイ飲めるからと2缶を飲み干せば、アルコールの量はそれだけで72gになります。

飲みすぎたからといってすぐにアルコール依存症になるわけではありませんが、続けると危険度は上がります。依存症にならずとも、肝臓を壊してしまうことになりかねませんので、ほどほどにしておきましょう。

お酒は少しなら身体に良いと
言われていましたが、
今はお医者さんによって、
色々なご意見があるようです。
ただ、コロナで在宅勤務が増え、
お酒を飲み易くなったのは事実です。
パソコンを閉じればすぐにチューハイ。
朝からお酒が欲しくなる人が増えたのは
心配です。自由には精神力が必要です。

和暦と西暦、これですっきり解決！

役 所の書類を書くときに、もっとも使うのが元号の年数（和暦）と西暦の年数を行ったり来たりする計算かもしれません。昭和生まれの私は、昭和の年数を西暦のそれに直すコツは覚えていました。昭和の年数に25を足せば、西暦の下2桁になります。25という数は、終戦の年の昭和20年と西暦1945年で覚えたのかもしれません。

昭和から平成、令和と元号が移り変わりましたが、昭和以外の元号も西暦に直すための簡単な公式を頭に入れておくと、いざというときに便利です。ここでは、明治以降を取り上げましょう。

明治	西暦＝明治＋67	途中で1900年になることに注意
大正	西暦＝大正＋11	
昭和	西暦＝昭和＋25	
平成	西暦＝平成＋88	途中で2000年になることに注意
令和	西暦＝令和＋18	2000年になっていることに注意

この公式は元号が変わったとき、つまり各元号の元年（1年）のときの西暦の年数から導き出せます。元号を西暦表記にする際には足し算ですが、西暦を元号表記にする際には同じ数を使って引き算します。たとえば西暦を昭和に直すなら、西暦から25を引けばその下2桁が昭和の年数と同じになります。

下2桁に注目すれば良いのですが、1900年や2000年といったように西暦の千の位や百の位が元号の途中で変わった場合は注意が必要です。下2桁（一の位と十の位）だけでなく、千の位や百の位もつけて考えるほうがよいでしょう。

たとえば平成は12年で西暦が2000年になりますから、それ以降は88を西暦の下2桁から引くとマイナスになってしまいます。この場合は西暦全体から88を引いて、繰り下がりの計算をした後で、下2桁を見れば平成何年かが求められます。

では、実際に計算して練習しましょう。最初は元号から西暦に直してみます。注意をするのは下2桁なので、最初に計算しましょう。

先生の一訓

ポイントは元号の元年が西暦で何年になっているかです。よく使う便利な計算です。

明治20年は

20＋67＝87　　　1800＋87＝西暦 1887 年

明治40年は

40＋67＝107　　　1800＋107＝西暦 1907 年

大正5年は

5＋11＝16　　　1900＋16＝西暦 1916 年

大正8年は

8＋11＝19　　　1900＋19＝西暦 1919 年

昭和19年は

19＋25＝44　　　1900＋44＝西暦 1944 年

昭和60年は

$$60 + 25 = 85 \qquad 1900 + 85 = 西暦\ 1985\ 年$$

平成9年は

$$9 + 88 = 97 \qquad 1900 + 97 = 西暦\ 1997\ 年$$

平成21年は

$$21 + 88 = 109 \qquad 1900 + 109 = 西暦\ 2009\ 年$$

令和3年は

$$3 + 18 = 21 \qquad 2000 + 21 = 西暦\ 2021\ 年$$

令和は2000年を過ぎてからの元号です。そのため、公式に組み込む数字が平成までの1900から2000に変わることに注意しないといけません。

令和7年は

$$7 + 18 = 25 \qquad 2000 + 25 = 西暦\ 2025\ 年$$

それでは、いろいろな元号の年数を西暦に直してみましょう。

① 令和4年は

$$4 + \boxed{} = \boxed{}$$

$$\boxed{} + \boxed{} = 西暦\ \boxed{}\ 年$$

② 昭和44年は

$$44 + \boxed{} = \boxed{}$$

$$\boxed{}+\boxed{}=西暦\boxed{}年$$

③ 昭和62年は

$$62+\boxed{}=\boxed{}$$

$$\boxed{}+\boxed{}=西暦\boxed{}年$$

④ 平成25年は

$$25+\boxed{}=\boxed{}$$

$$\boxed{}+\boxed{}=西暦\boxed{}年$$

⑤ 平成18年は

$$18+\boxed{}=\boxed{}$$

$$\boxed{}+\boxed{}=西暦\boxed{}年$$

⑥ 明治8年は

$$8+\boxed{}=\boxed{}$$

$$\boxed{}+\boxed{}=西暦\boxed{}年$$

⑦ 明治37年は

$$37+\boxed{}=\boxed{}$$

$$\boxed{}+\boxed{}=西暦\boxed{}年$$

今度は西暦を元号に直してみましょう。それぞれの元号の1年（元年）の年に注意しておく必要があります。ただし、その年は計算に使う数字＋1ですから、この数字を覚えてしまえばすぐにわかります。

1875年を考えてみましょう。
明治時代は1868年からですので、下2桁に注意して

$$75 - 67 = 8$$ 明治8年です。

1954年は？　昭和ですので

$$54 - 25 = 29$$ 昭和29年です。

2005年は？　平成ですから

$$2005 - 88 = 1917$$ 平成17年です。

2020年は？　令和になっていますから

$$20 - 18 = 2$$ 令和2年です。

⑧ 1903年はどうなるでしょう。
1912年が大正1年ですから、1903年は、まだ明治です。
元号の途中で百の位が変わっていることにも
気をつけて計算します。

$$\boxed{} - \boxed{} = \boxed{}$$

明治 $\boxed{}$ 年です。

⑨ 1985年は？
1989年が平成1年ですから、まだ昭和です。

$$\boxed{} - \boxed{} = \boxed{}$$

昭和 $\boxed{}$ 年です。

⑩ 1991年は？

$$\boxed{} - \boxed{} = \boxed{}$$

平成 $\boxed{}$ 年です。

慣れれば難しくはありません。練習しましょう。西暦を元号に直してください。

⑪ 1899年は？

$$\boxed{} - \boxed{} = \boxed{}$$

明治 $\boxed{}$ 年です。

⑫ 1910年は？

$$\boxed{} - \boxed{} = \boxed{}$$

下2桁に注目して明治 $\boxed{}$ 年です。

⑬ 2015年は？

$$\boxed{} - \boxed{} = \boxed{}$$

下2桁に注目して平成 $\boxed{}$ 年です。

今度は、それぞれの元年が西暦何年かを思い出しながら、計算してみましょう。

⑭ 1921年は？

    ［　　　］年を越えているので大正に入っています。

    ［　　　　　］－［　　　　　］＝［　　　　　　　］

    大正［　　　］年です。

⑮ 1937年は？

    ［　　　］年を越えているので昭和に入っています。

    ［　　　　　］－［　　　　　］＝［　　　　　　　］

    昭和［　　　］年です。

⑯ 1999年は？

    ［　　　］年を越えているので平成に入っています。

    ［　　　　　　　］－［　　　　　］＝［　　　　　　　］

    平成［　　　］年です

⑰ 2022年は？

    ［　　　］年を越えているので令和です。

    ［　　　　　　　］－［　　　　　］＝［　　　　　　　］

    令和［　　　］年です。

ここからは、それぞれの西暦がどの元号になるかも自分で判断してから、計算を始めましょう。

⑱ 1971年は？

    ［　　　　　　　］－［　　　　　］＝［　　　　　　　］

    ［　　　　　］年

⑲ 2010年は？

　□ − □ = □

　□ 年

⑳ 1995年は？

　□ − □ = □

　□ 年

㉑ 2019年は？

　□ − □ = □

　□ 年

先生の一訓

ふだん、一番よく使う計算のひとつでしょう。
混乱するのは、どこで
元号が変わっているかです。
元年の西暦を覚えておくだけで、
この計算は格段に速くなります。

電卓なしでも掛け算を楽にする「骨」がある

スコットランドにネピアという数学者がいました。1550年に大きな財産を持った家に生まれ、一般的な意味合いでの就職はしなかったようです。聖職者ではなかったものの、反カトリックの本も残しています。数学の世界では指数関数や対数関数の研究が有名で、対数の発見者の一人と言われています。

ネピアはある計算道具を考案したことでも知られています。「ネピアの骨」と呼ばれるその道具は、彼が計算が不得意な人たちに作ってあげたもの。彼の周りにいた農村の方に重宝されたようです。掛け算を少し楽にしてくれる道具で、現代に生きる我々にも、計算を速くするためのとても良い発想を与えてくれます。

計算のスピードをあげるには、ちょっと楽な計算方法があれば良いのです。暗算がベストとは限りませんし、こちらのほうが間違いも少なくなります。

ネピアの骨は、次のページの表のようなものです。「骨」と呼ばれるほどですから、もともとは色々な長さの物で作ったのでしょう。木の棒だったのかもしれません。

1	2	3	4	5	6	7	8	9
0/1	0/2	0/3	0/4	0/5	0/6	0/7	0/8	0/9
0/2	0/4	0/6	0/8	1/0	1/2	1/4	1/6	1/8
0/3	0/6	0/9	1/2	1/5	1/8	2/1	2/4	2/7
0/4	0/8	1/2	1/6	2/0	2/4	2/8	3/2	3/6
0/5	1/0	1/5	2/0	2/5	3/0	3/5	4/0	4/5
0/6	1/2	1/8	2/4	3/0	3/6	4/2	4/8	5/4
0/7	1/4	2/1	2/8	3/5	4/2	4/9	5/6	6/3
0/8	1/6	2/4	3/2	4/0	4/8	5/6	6/4	7/2
0/9	1/8	2/7	3/6	4/5	5/4	6/3	7/2	8/1

1から9まで、それぞれの段ごとの掛け算の九九の表になっています。これを用いると、何桁かの数と1桁の数との掛け算はかなり楽になります。なお、この表では、わざと十の位と一の位の間に斜線を入れています。こうしておく方が使いやすいためです。

では、ネピアの骨を実際に使ってみましょう。

79×6を計算します。表のうち、使うのは7の段の棒と9の段の棒です。下の欄の左側を見てください。2つの棒を並べて、79ができています。6を掛けますから、それぞれの棒の6番目を見ることになります。

左から4/2、5/4と並んでいます。4つ並んだ数字のいちばん左が百の位、内側にある2つの数を足した数（2＋5＝7）が十の位、いちばん右が一の位です。つまり、答えは474になります。電卓には敵わないかもしれませんが、なかなか速く計算ができるのがおわかりでしょう。

どのような手順で計算されているのか、右側に図でも示しておきましょう。この手順を覚えれば、ネピアの骨なしでも計算できるようになります。

79×6

7×6　9×6

4／2 5／4
↓　（＋）　↓
4　　7　　4

79×6＝474

計算は左から順に行います。通常の筆算とは違って、一の位ではなく
十の位から計算を始めるのです。この方法の良いところは、まさにこ
の上から計算する点にあります。

上から計算するということは、数の主要部を先に計算するということ
になります。お金の計算では、一の位より、万の位が大事です。大切な
ところから計算するのは、とても大切なことです。

手順を頭に入れられるよう、計算例をいくつか並べておきます。答え
も記入していますが、一つひとつ一緒に解いてみてください。

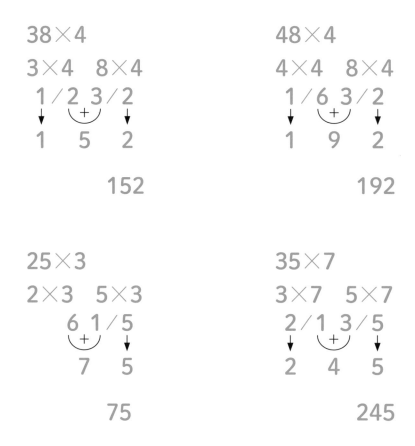

63×5

6×5　3×5

3/0　1/5

↓　　（+）　　↓

3　　1　　5

315

47×6

4×6　7×6

2/4　4/2

↓　　（+）　　↓

2　　8　　2

282

ここまでは2桁と1桁の掛け算でしたが、今度は少しだけ考えることが多くなる3桁と1桁の掛け算をやってみましょう。365×8を例題とします。百の位から、先ほどの棒の数字を並べればいいだけです。

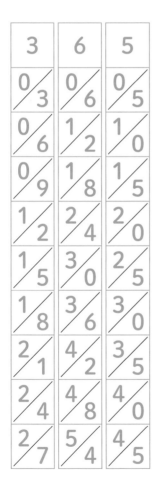

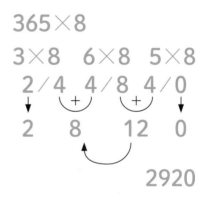

365×8

3×8　6×8　5×8

2/4　4/8　4/0

↓　　（+）　　（+）　　↓

2　　8　　12　　0

2920

隣りあった数を足すときに繰り上がりが起こることもあります。この計算では8＋4が12ですから、繰り上がりの処理をします。百の位の8に十の位から1が繰り上がってきますから、2920が答えです。

ネピアの骨は、九九を覚えていない人でもいろいろな計算ができるようにというネピアの工夫から生まれました。現代でも、小学2年生くらいの子たちにネピアの骨を自分で作ってもらって、この掛け算をやらせてみると喜んで取り組みます。

この計算法は、慣れてくれば暗算でも行えます。もともとこの手順で暗算をしてきた方もいるのではないでしょうか。無理に暗算をする必要はありませんが、日本人は九九をそらんじていますから、ネピアの骨がなくても、すぐにできるようになるでしょう。

小さい位からの計算に慣れている人は、はじめはやりにくいかもしれません。しかし、ある程度はマスターして、こういう計算法があるということを頭に入れておいてください。もちろん、こっちのほうがやりやすいという方は、どんどん活用するといいでしょう。

いろいろな解き方を知っておくことは、とても大事です。これは数学だけではありません。人生の問題にも、さまざまな解き方があるはずです。

では、この方法を習得するため、どんどん計算をしていきましょう。まずは手順を入れておきますから、空欄に数字をあてはめてください。

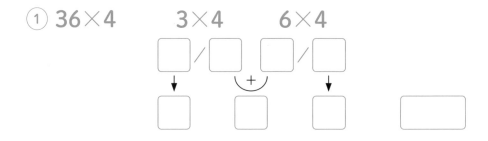

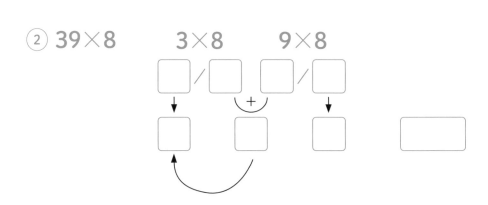

③ 47×4   4×4   7×4

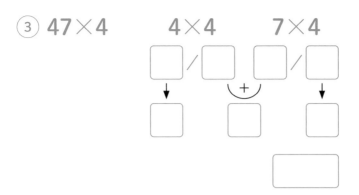

④ 348×7   3×7   4×7   8×7

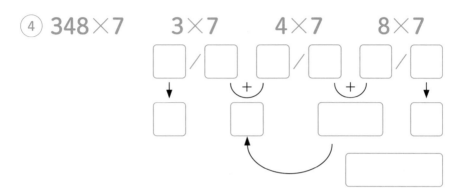

⑤ 467×7   4×7   6×7   7×7

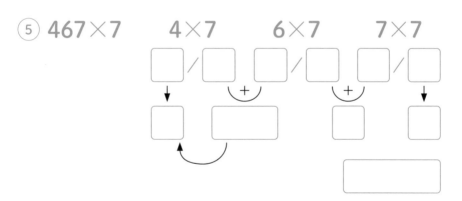

⑥ 365×9   3×9   6×9   5×9

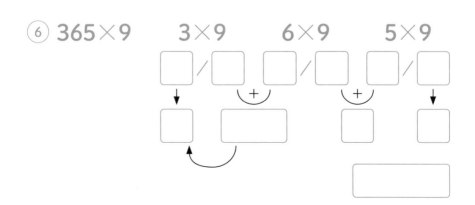

ここからは細かな手順の指示は省いていますので、自分で考えながら
解いてみましょう。

⑦ 75×6　　7×6　　5×6

⑧ 74×8　　7×8　　4×8

⑨ 983×6

⑩ 674×9

⑪ 467×9

□×□　□×□　□×□

□／□　□／□　□／□

□

⑫ 677×6

□×□　□×□　□×□

□／□　□／□　□／□

□

では、最後の仕上げです。みなさんの力だけで、今までの計算方法の
まねをして答えを求めてみましょう。上の書き方をまねすれば問題あ
りません。

⑬ 778×4

⑭ 767×8

⑮ 902×8

⑯ 503×9

小学生にネピアの棒を作ってもらい、
掛け算をさせると素直な子ほど喜びます。
余計な知識を塾などでもらうと
楽しいことも減るようです。
「ここでの掛け算は、たとえば33×5は
できません。3の段の九九の棒が一人1本しか
ないからです」と子どもたちに話したら、
2年生の子が「友だちと一緒に計算するから
大丈夫」と言いました。その通り、賢い！

2桁同士の計算も
ネピアの骨で快速に

ネ　ピアの骨の発想は、もっと桁数の大きな掛け算にも応用できます。九九をそらんじている人でもすんなり解くのは難しい、2桁同士の掛け算もお手のものです。

そのために、ネピアの骨の表に少し手を加えてみることにしましょう。たとえば37×56の計算をするときには、次のような表を考えてみます。上の1列と右の1列には、37と56がそれぞれ入ります。これらを掛け合わせて出た数字で、マスを埋めていくことになります。

37×56

3	7	
1／5	3／5	5
1／8	4／2	6

3と7の下にある数は、それぞれに5を掛けた数字。その下のマスに入っている数字は、3と7に6を掛けた数字です。37×56の答えは、これらの数を左上のマスから順に斜めに足せば求められます。

千の位	1
百の位	3＋5＋1＝9
十の位	5＋4＋8＝17
一の位	2

答えは繰り上がりを考えて2072になります。

次は問題を一緒に解いてみましょう。

28×38

2	8	
0╱6	2╱4	3
1╱6	6╱4	8

千の位　0
百の位　2＋6＋1＝9
十の位　4＋6＋6＝16
一の位　4

答え　1064

54×16

5	4	
0╱5	0╱4	1
3╱0	2╱4	6

千の位　0
百の位　0＋5＋3＝8
十の位　4＋2＋0＝6
一の位　4

答え　864

65×27

6	5	
1╱2	1╱0	2
4╱2	3╱5	7

千の位　1
百の位　1＋2＋4＝7
十の位　0＋3＋2＝5
一の位　5

答え　1755

78×54

7	8	
3╱5	4╱0	5
2╱8	3╱2	4

千の位　3
百の位　4＋5＋2＝11
十の位　0＋3＋8＝11
一の位　2

答え　4212

ここからはマス目を用意しましたから、自力でどんどん計算をして慣れましょう。

① 21×17

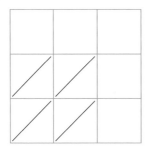

千の位
百の位
十の位
一の位

答え ☐

② 18×23

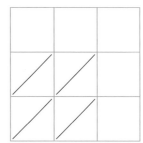

千の位
百の位
十の位
一の位

答え ☐

③ 25×24

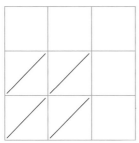

千の位
百の位
十の位
一の位

答え ☐

④ 19×17

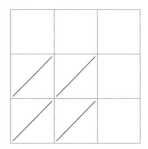

千の位
百の位
十の位
一の位

答え ☐

⑤ 27×15

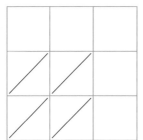

千の位

百の位

十の位

一の位

答え [　　　　]

⑥ 16×26

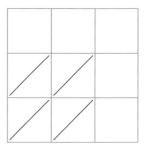

千の位

百の位

十の位

一の位

答え [　　　　]

⑦ 18×28

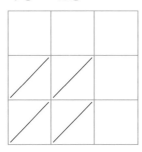

千の位

百の位

十の位

一の位

答え [　　　　]

⑧ 29×16

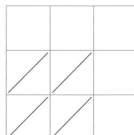

千の位

百の位

十の位

一の位

答え [　　　　]

⑨ **25×25**

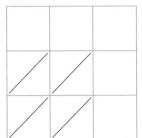

千の位

百の位

十の位

一の位

　　　答え ☐

⑩ **38×25**

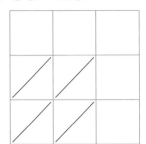

千の位

百の位

十の位

一の位

　　　答え ☐

⑪ **34×19**

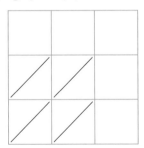

千の位

百の位

十の位

一の位

　　　答え ☐

⑫ **36×28**

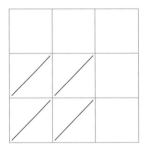

千の位

百の位

十の位

一の位

　　　答え ☐

⑬ 29×39

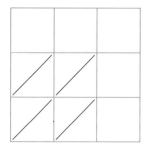

千の位

百の位

十の位

一の位

答え _____

⑭ 33×54

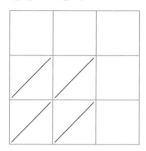

千の位

百の位

十の位

一の位

答え _____

先生の一訓

2桁×2桁の計算では、
ネピアの骨をそのまま使うのは無理です。
ちょっとした工夫が必要でした。
工夫をすると複雑になることが多いですが、
この書き方はふだん使っている筆算と
それほど変わりはありません。
上の桁から先に計算するので、
上の桁ほど大切になるお金の計算に
適しています。
必要な掛け算をすべて終えてから
足し算をするため、
間違いが少なくなるのもいい点です。

解 答 一 覧

シンプルな数式があなたを救う

③(1)10　(2)15　(3)5　(4)60　(5)16.666…

④(1)9　(2)14　(3)2　(4)9　(5)5　(6)60　(7)8.333…

(8)3　(9)3.6　(10)8　(11)3もしくは4

結局、年金はいくらもらえる？

①(1)38　(2)75万5000　②(1)35　(2)69万5000

③(1)30　(2)59万6000　④(1)25　(2)49万6000

⑤79.5万円×$\dfrac{20\times12}{480}$＝約39万7000円

⑥79.5万円×$\dfrac{16\times12}{480}$＝31万8000円

「72」でわかる、預金が2倍になる期間

①18　②14.4　③12　④10.3　⑤9　⑥8

鶴亀算と連立方程式の忘れられがちな共通項

①(1)2　(2)2　(3)10　(4)3　(5)9　(6)3　(7)2

②(1)8　(2)12　(3)16　(4)9　(5)12　(6)21

(7)5　(8)10　(9)－6　(10)－2

足し算、引き算の暗算は少しの工夫で劇的に変わる

①(1)100　(2)4　(3)663　(4)667　②(1)300　(2)2　(3)1086　(4)1084

③(1)300　(2)2　(3)488　④(1)400　(2)4　(3)1219

⑤(1)400　(2)4　(3)427　⑥(1)500　(2)3　(3)1090

⑦(1)500　(2)3　(3)96　⑧(1)200　(2)2　(3)821

⑨(1)200　(2)2　(3)425　⑩(1)200　(2)3　(3)59

⑪(1)200　(2)3　(3)453　⑫(1)100　(2)2　(3)57

⑬(1)100　(2)2　(3)253　⑭(1)900　(2)3　(3)118

⑮(1)900　(2)3　(3)1912　⑯(1)50　(2)2　(3)143

⑰(1)50　(2)2　(3)47　⑱(1)30　(2)2　(3)119

⑲(1)30　(2)2　(3)55　⑳(1)100　(2)3　(3)172

㉑(1)100　(2)3　(3)22　㉒(1)80　(2)2　(3)135

㉓(1)60　(2)3　(3)21

① 101×102

```
  101     −1
 ×102     −2
 ──────────────
  103     02  ←(−1)×(−2)= 2
102 − (−1) = 103     答え   10302
```

② 101×103

```
  101    −1
 ×103    −3
 ──────────────
  104    03  ←(−1)×(−3)= 3
103 −(−1) = 104     答え   10403
```

③ 102×105

```
  102    −2
 ×105    −5
 ──────────────
  107    10  ←(−2)×(−5)= 10
105 −(−2) = 107     答え   10710
```

④ 105×108

```
  105    −5
 ×108    −8
 ──────────────
  113    40  ←(−5)×(−8)= 40
108 −(−5) = 113     答え   11340
```

⑤ 104×109

```
  104    −4
 ×109    −9
 ──────────────
  113    36  ←(−4)×(−9)= 36
109 −(−4) = 113     答え   11336
```

⑥ 105×107

```
  105    −5
 ×107    −7
 ──────────────
  112    35  ←(−5)×(−7)= 35
107 −(−5) = 112     答え   11235
```

⑦ 107×104

```
  107    −7
 ×104    −4
 ──────────────
  111    28  ←(−7)×(−4)= 28
104 −(−7) = 111     答え   11128
```

① (1) 15　(2) 180　(3) 27　(4) 0.8　(5) 21.6　(6) 22

② (1) 0.12　(2) 14.4　(3) 0.8　(4) 11.52　(5) 23

③ (1) 0.09　(2) 45　(3) 0.8　(4) 36

> 和暦と西暦、これですっきり解決！

① 4＋18＝22
　2000＋22＝西暦2022年
② 44＋25＝69
　1900＋69＝西暦1969年
③ 62＋25＝87
　1900＋87＝西暦1987年
④ 25＋88＝113
　1900＋113＝西暦2013年
⑤ 18＋88＝106
　1900＋106＝西暦2006年
⑥ 8＋67＝75
　1800＋75＝西暦1875年
⑦ 37＋67＝104
　1800＋104＝西暦1904年
⑧ 1903－67＝1836……明治36年
⑨ 85－25＝60…………昭和60年
⑩ 91－88＝3……………平成3年
⑪ 99－67＝32…………明治32年
⑫ 1910－67＝1843……明治43年
⑬ 2015－88＝1927……平成27年
⑭ 1912年、21－11＝10…大正10年
⑮ 1926年、37－25＝12…昭和12年
⑯ 1989年、99－88＝11…平成11年
⑰ 2019年、22－18＝4…令和4年
⑱ 71－25＝46…………昭和46年
⑲ 2010－88＝1922……平成22年
⑳ 95－88＝7……………平成7年
㉑ 19－18＝1……………令和1年

> 電卓なしでも掛け算を楽にする「骨」がある

① （上段左から）1/2、2/4、1、4、4　答え 144
② 2/4、7/2、2、11、2　答え 312
③ 1/6、2/8、1、8、8　答え 188

④ 2/1、2/8、5/6、2、3、13、6　答え2436

⑤ 2/8、4/2、4/9、2、12、6、9　答え3269

⑥ 2/7、5/4、4/5、2、12、8、5　答え3285

⑦ 4/2　3/0　答え450

⑧ 5/6　3/2　答え592

⑨ 9×6　8×6　3×6
　5/4　4/8　1/8　答え5898

⑩ 6×9　7×9　4×9
　5/4　6/3　3/6　答え6066

⑪ 4×9　6×9　7×9
　3/6　5/4　6/3　答え4203

⑫ 6×6　7×6　7×6
　3/6　4/2　4/2　答え4062

⑬ 7×4　7×4　8×4
　2/8　2/8　3/2　答え3112

⑭ 7×8　6×8　7×8
　5/6　4/8　5/6　答え6136

⑮ 9×8　0×8　2×8
　7/2　0/0　1/6　答え7216

⑯ 5×9　0×9　3×9
　4/5　0/0　2/7　答え4527

2桁同士の計算もネピアの骨で快速に

① 21×17　　② 18×23　　③ 25×24　　④ 19×17

① 千の位 0
百の位 0+2+1=3
十の位 1+0+4=5
一の位 7
答え　357

② 千の位 0
百の位 1+2+0=3
十の位 6+2+3=11
一の位 4
答え　414

③ 千の位 0
百の位 1+4+0=5
十の位 0+2+8=10
一の位 0
答え　600

④ 千の位 0
百の位 0+1+0=1
十の位 9+6+7=22
一の位 3
答え　323

⑤ 27×15

2	7	
0/2	0/7	1
1/0	3/5	5

千の位 0
百の位 0+2+1=3
十の位 7+3+0=10
一の位 5
答え 405

⑥ 16×26

1	6	
0/2	1/2	2
0/6	3/6	6

千の位 0
百の位 1+2+0=3
十の位 2+3+6=11
一の位 6
答え 416

⑦ 18×28

1	8	
0/2	1/6	2
0/8	6/4	8

千の位 0
百の位 1+2+0=3
十の位 6+6+8=20
一の位 4
答え 504

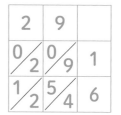

⑧ 29×16

2	9	
0/2	0/9	1
1/2	5/4	6

千の位 0
百の位 0+2+1=3
十の位 9+5+2=16
一の位 4
答え 464

⑨ 25×25

2	5	
0/4	1/0	2
1/0	2/5	5

千の位 0
百の位 1+4+1=6
十の位 0+2+0=2
一の位 5
答え 625

⑩ 38×25

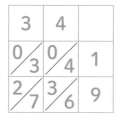

3	8	
0/6	1/6	2
1/5	4/0	5

千の位 0
百の位 1+6+1=8
十の位 6+4+5=15
一の位 0
答え 950

⑪ 34×19

3	4	
0/3	0/4	1
2/7	3/6	9

千の位 0
百の位 0+3+2=5
十の位 4+3+7=14
一の位 6
答え 646

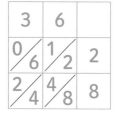

⑫ 36×28

3	6	
0/6	1/2	2
2/4	4/8	8

千の位 0
百の位 1+6+2=9
十の位 2+4+4=10
一の位 8
答え 1008

⑬ 29×39

2	9	
0/6	2/7	3
1/8	8/1	9

千の位 0
百の位 2+6+1=9
十の位 7+8+8=23
一の位 1
答え 1131

⑭ 33×54

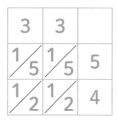

3	3	
1/5	1/5	5
1/2	1/2	4

千の位 1
百の位 1+5+1=7
十の位 5+1+2=8
一の位 2
答え 1782

柳谷 晃
（やなぎや あきら）

1953年東京都生まれ。数学者。元早稲田大学高等学院数学科教諭、元早稲田大学複雑系高等学術研究所研究員。専門は微分方程式とその応用。定年退職後は数学の研究、正しい使い方の普及に励む。高等学院教員人気投票では度々1位となっており、カリスマ的な人気から神として崇める人間が存在している。2011年には「情熱大陸」(TBS)に、圧倒的かつ絶大な人気を誇る数学教諭として出演した。父親は黒澤明の映画にも出演し、「ウルトラQ」出演でも知られる俳優の柳谷寛。著書に『時そばの客は理系だった 落語で学ぶ数学』(幻冬舎新書 2007)、『数学はなぜ生まれたのか?』(文春新書 2014)、『日本を救う数式』(弘文堂 2016) など多数。

［参考文献］

日本年金機構ホームページ
https://www.nenkin.go.jp/

金融広報中央委員会「家計の金融行動に関する世論調査」
［二人以上世帯調査］令和３年版
https://www.shiruporuto.jp/public/document/container/yoron/futari2021-/2021/

厚生労働省ホームページ
https://www.mhlw.go.jp/

ブックデザイン
森田 直（フロッグキングスタジオ）

イラストレーション
赤池 佳江子

校正
東京出版サービスセンター

編集協力
宮田文郎

カリスマ数学者が伝授!

死ぬまで役に立つ
数学教えます

2023年12月25日　初版発行

著者　**柳谷晃**

編集発行人　穂原俊二
発行所　　　株式会社イースト・プレス
　　　　　　〒101-0051
　　　　　　東京都千代田区神田神保町2-4-7 久月神田ビル
　　　　　　TEL 03-5213-4700　FAX 03-5213-4701
　　　　　　https://www.eastpress.co.jp

印刷所　　中央精版印刷株式会社